KB197828

우리 집으로 들어온 자연

우리 집으로 들어온 자연

그린인테리어를
위한
식물 기르기

글 장유진 그림 이소영

Project Eden

추천의 말

모든 생물이 그러하듯 식물도 우리의 손길과 목소리에 귀를 기울입니다. 식물마다 좋아하는 환경이 다르기에, 이에 따라 세심하게 배려하면 그 반응이 달라집니다. 반려식물에 대한 관심이 높아진 요즘, 식물 전문가인 장유진 교수님과 이소영 작가님이 이러한 식물의 기초 지식부터 실내에서 식물을 잘 키우기 위한 특별한 방법까지 그야말로 실내식물의 모든 것을 소개하려 손잡으셨습니다.

저도 식물과 자연 그리고 인간을 주제로 이야기를 나누고 싶을 때 만나는 두 분이 함께 그려낸, 내 삶과 함께할 식물을 만나는 현명한 여정! 내가 생활하는 공간에서는 어떤 식물과 친구가 되는 게 좋을지, 또한 내가 키우는 식물이 시시때때로 무엇을 원하는지가 궁금한 분들에게 식물 전문가들이 전하는 '자연'의 목소리를 추천합니다.

— 임영석, 국립수목원장

드디어 실내식물 재배에 관해 명료하고 과학적인 조언을 건네는 책을 만났습니다. 이 책은 식물의 생명 주기, 원산지, 광합성 등 식물을 재배할 때 꼭 기억해야 할 내용을 빠짐없이 짚어줍니다. 하나같이 초보 식집사에서 베테랑으로 거듭나는 데 필요한 지식입니다. 가장 '기본'에 충실하기에 이 책이 정말 든든하고 반갑습니다.

— 이소영, 식물세밀화가

4차 산업 혁명과 AI의 등장으로 과거 SF 영화에서 그려졌던 미래 사회가 점차 현실이 되어가고 있습니다. 하지만 아무리 미래가 고도로 발전하더라도 분명히 자연은 우리 일상에서 늘 중요한 요소로 자리할 것입니다.

지금도 시시각각 빠르게 변화하는 현대 도시 사회에서 식물의 역할과 영향력은 더욱 커지고 있습니다. 인간이 자연과의 연결을 가장 쉽고 친근하게 경험할 수 있는 식물 가꾸기를 그림과 함께 쉽고 재미있게 설명한 이 책은, 도시인이 집에서 녹색 식물과 더불어 사는 기쁨을 누리도록 도와줄 것입니다.

— 김종윤, 고려대학교 식물생명공학과 교수

장유진 박사님은 항상 식물 관련 이론을 쉽고 편안하게 설명해줍니다. 그리고 식물을 기르며 얻는 유익을 원예치료적인 관점으로 바라보는 눈을 열어줍니다. 이 책은 식물에 관심 있는 독자분들에게 풍부한 지식을 전하고, 나아가 안목까지도 한층 키워줄 것입니다.

— 한성주, 《마음정원》 저자 및 방송인

목차

추천의 말 4

저자의 말 8

1장. 식물과 함께 살다

그린인테리어와 실내식물 13

식물 양육의 즐거움 15

생명 주기의 추론 18

식물 기르기로 배우는 공감과 배려 20

식물마다의 원산지 환경 22

식물의 양분을 만드는 광합성 24

실내 공간의 부족한 햇빛 26

열대 관엽식물의 번식 28

실내식물을 조금 더 가까이 알기 30

2장. 식물을 알아가다

실내에서 살 수 있는 식물 35

실내 공간의 햇빛 38

실내 공간의 온도 41

실내 공간의 수분 43

실내 공간에서의 토양 45
식물의 공기정화 49
관엽식물을 실내에서 활용하기 52

3장. 식물과 친해지다

몬스테라 62
극락조 66
알로카시아 68
틸란드시아 71
산세베리아 74
스킨답서스 77
고사리류 80
필로덴드론 셀렘 83
금전수 86
포인세티아 88

참고 문헌 90

주변 사람들에게 식물과 관련한 질문을 많이 받곤 한다. “내가 우리 집 식물을 잘 키우고 있는 걸까요?” “식물을 기르고 싶은데, 참 어렵더라고요.” 이런 이야기도 자주 듣는다.

식물 하나하나에 대한 상태를 점검하기에 앞서, 우선 집이나 실내 공간에서 식물을 기르기 위한 기본적이고 전체적인 이해가 필요할 것이라는 생각에서 이 책을 쓰게 되었다. 15년 동안 대학에서 실내식물을 주제로 강의했던 내용을 좀 더 쉽게 풀어서 설명하려 하였다. 또한 관엽식물을 이론적으로 다루는 것을 넘어, 식물 기르기를 통해 자기 마음까지 살피는 자연치유로서의 원예치유적인 내용도 다루었다.

이 책의 1장 ‘식물과 함께 살다’는 식물과 함께하기 위하여 가장 먼저 점검해야 할 사항을 다루었다. 식물이라는 생명체를 내가 생활하는 공간에서 기르려면 몇 가지 준비가 필요하다. 그래서 생명에 대한 이해를 기반으로

한 사랑으로 돌보기, 공감과 배려를 이야기해보았다.

2장 '식물을 알아가다'에서는 식물의 원산지 환경(빛, 온도, 물, 토양)과 실내 환경을 살펴보았다. 그런 다음 이에 대한 이해를 기반으로 실내식물로의 가능성과 실내식물을 활용한 그린인테리어 방법을 소개하였다.

3장 '식물과 친해지다'에서는 실내에서 키우는 식물 가운데 가장 인기 있는 10가지 관엽식물을 세밀화와 소개하였다. 평소 식물 키우기에 관심 있던 분들이라면 모두 친근하게 느낄 만한 식물들이다.

우리는 자연에서 편안함을 느낀다. 그래서 자연이 있는 숲이나 정원, 들에 나가 휴식을 취하기도 한다.

이처럼 가끔씩만 자연을 찾아가는 게 아니라, 아예 매일의 일상에서 자연을 누리면 얼마나 기쁠까. 그렇다면 실내에서 어떻게 해야 식물을 잘 기를 수 있을까?

이런 궁금증에 대한 대답들이 이 책 《우리 집으로 들어온 자연》에 담겨 있다. 또한 식물을 건강하게 기르면서 얻는 즐거움과 앎을 이야기하였다. 무엇보다 구체적으로 식물을 선택하는 방법과 기르는 방법을 소개하였다.

마지막으로 실내식물 10종의 그림을 그려준 제자, 식물 세밀화 작가 이소영 씨에게 감사를 전한다.

집 안에서 건강하게 기르고 있는 식물 사진을 제공해준 아들(임재) 친구 태온이에게도 감사한다.

이 책이 집 안에서 식물을 건강하게 기르고, 식물과 함께하는 즐거움을 누리고 싶은 모든 사람에게 도움이 되길 바란다.

장유진

1장
식물과 함께 살다

그린인테리어와 실내식물

우리가 많은 시간을 보내는 집이나 사무실, 학교와 같은 실내 공간에 녹색 식물을 이용하여 아름답게 꾸미는 것을 '그린인테리어(green interior)', '플랜테리어(planterior)', 혹은 '실내조경(室內造景)'이라고 한다.

식물은 잎과 꽃의 모양이나 생김새, 색깔과 향기가 독특하여 인테리어에 활용할 수 있는 아름다움을 지닌다. 그리고 식물은 다양한 재질이나 질감을 가진 화분에 심어져 실내 공간을 꾸미기에 적합하다. 또한 살아 있는 생명체로서 식물이 지니는 생동감은 무생물로서 장식한 어떤 것과 비교할 수 없는 신선함을 준다. 무엇보다도 그린인테리어는 살아 있는 생명체를 이용하기에 변화하는 아름다움이 있다. 뿐만 아니라 식물이 실내에 있을 때, 공기를 깨끗하게 해주는 공기정화 기능이 있다.

효과적인 그린인테리어를 위해서는 실내에서 잘 살 수 있는 식물을 선택하는 것이 필요하며, 그러한 식물을 보통 실내식물이라고 부른다. 실내 공간은 실외 공간보다 햇빛이 비치는 양이 매우 부족하다. 그래서 집이나 사무실과 같은 실내 공간의 햇빛의 양이 부족한 빛 조건에서도 잘 살 수 있는 식물을 선택하는 것이 필요하다.

열대 밀림의 큰 나무들로 우거진 밀림 내 환경은 우리 집이라는 실내 공간과 유사한 점이 있다. 햇빛의 양이 부족하다는 것이다. 이처럼 햇빛이 부족한 실내에서 식물이 오랫동안 잘 살아가려면 빛이 부족한 환경 조건에서 적응이 된 식물이어야 한다. 그렇기에 열대 밀림에서 자라온 식물이 실내식물로 적합하다.

열대 밀림에서 생육해온 식물의 또 다른 특징은 관상 대상이 꽃보다 잎이라는 것이다. 식물은 생육이 불량한 환경에 오래도록 놓이면 다음 세대를 기약하기 위하여 씨앗을 만들어내는 노력을 하게 되며, 그래서 꽃을 화려하게 피운다. 그러나 열대 밀림 속 식물들은 따뜻한 온도와 촉촉한 습도와 같은 매우 좋은 환경에서 잘 자라나 꽃을 피우기보다는 뿌리, 줄기, 잎의 발달이 우수하여 매우 크고 멋진 잎을 가지게 된다. 이렇게 잎이 관상 대상인 식물을 관엽식물(觀葉植物)이라고 한다.

그래서 우리가 집 안이라는 실내 공간에서 잘 기를 수 있는 식물은 보통 열대 관엽식물이다.

식물 양육의 즐거움

생명이 있는 존재인 식물을 실내 공간에서 기를 때는, 물을 주어야 하고 햇빛을 볼 수 있도록 자리를 옮겨주는 나의 도움이 필요하다.

식물은 나와 다른 생명체이기에 나의 정성에도 불구하고 가끔은 나의 마음처럼 자라지 않기도 한다. 그럴 때면 우리는 식물의 성장 속도에 맞추어 기다림을 배워야 한다. 기다려주는 배려, 사랑으로 돌보기…. 이렇게 식물을 기르면서 우리는 함께하는 것을 배워간다. 식물이 내가 사는 공간에 들어왔을 때, 나는 생명체를 가진 식물을 기르며, 식물과 함께 살아가는 법을 배운다.

실내에서 식물 기르기를 통하여 우리는 다른 생명체의 양육 과정을 경험한다. 현대인에게 부족할 수 있는, 다른 생명체를 양육하는 경험은 많은 것을 익히는 중요한 일이다. 그뿐 아니라 이를 통해 생각과 행동의 균형을 알 수도 있다.

실내에서 식물을 기르는 무척이나 개인적인 활동이 결과적으로는 식물을 기르는 문화 속에서 생명을 존중하는 사회 분위기를 만들고, 나아가 환경을 보호하는 지구적인 움직임을 불러올 수도 있다.

최근 세계적인 팬데믹을 경험하면서 자신만의 쉼을 얻을 수 있는 공간에 대한 요구가 커졌다. 특히 자연과 함께하는 데 대한 녹색 갈증을 사람들로부터 볼 수 있다.

우리는 예전부터 식물이 있는 공간, 즉 풍성하고 아름다운 자연환경 속에서 살아왔다. 그러기에 우리 사람들에게는 식물이 있는 공간을 편안해하는 마음이 있다.

쉼이라는 의미의 한자어 '쉴 휴(休)'를 찬찬히 들여다보자. 이것만 살펴도 사람이 식물 있는 공간을 편안해하는 것은 자연스러운 본능임을 알 수 있다. 요즘 생겨난 '풀멍'이라는 단어도 식물을 바라보면서 쉼을 얻을 수 있다는 것을 알게 한다.

숲으로 둘러싸인 경관을 보았을 때의 시원함은 실제 숲을 감상할 때뿐만 아니라 영상이나 그림을 통해서도 확인된다. 혈압이나 호르몬 등의 실제적인 수치의 변화가 생겨나서 스트레스가 감소된다.

《통섭》을 집필하고 하버드대학교 생물학과 교수를 지낸 에드워드 윌슨은 또 다른 저서 《바이오필리아》를 통해 사람에게는 자연과 연결되고 싶어 하는 녹색 갈증이 있음을 이야기하였다. 그의 말에 따르면, 사람에게는 자연과 함께하고 싶어 하는 DNA가 있어, 자연과 가까이 살아갈 때 편안함을 느끼지만 그렇지 않을 때는 스트레스를 경험한다. 이처럼 현대인이 주거 공간이나 사무 공간 등 생활 속에 식물을 들이려는 데는 이유가 있다.

그래서 우리는 식물 있는 곳을 찾거나 자신이 살아가는 공간을 식물로 가꾸는 것을 좋아한다. 더욱이 코로나19 이후 자연에 대한 갈증은 반려식물, 식집사, 풀멍이라는 다양한 신조어를 만들어냈다.

그중 가장 익숙해진 단어가 '반려식물'일 것이다. 그만큼 식물 관련한 취미를 지닌 사람들이 늘었다. 실버 세대뿐만 아니라 청년 세대도 식물 기르기에 열중하다 보니 '식집사'라는 용어도 생겨났다. 식집사에는 퇴근 후 집에서 식물을 정성스럽게 돌본다는 뜻이 담겨 있다. 집에서 식물과 함께 살고, 식물을 돌보고, 나의 생활 공간을 함께 가꾸어가는 것이다.

심지어 식물로 장식된 대형 카페나 사무실까지 증가하는 현상이 나타났다. 식물이 내가 살아가고 활동하는 곳에 있을 때 마음까지 편안해지는 것을 많은 이가 알게 되자 일어난 변화들이다.

생명 주기의 추론

내가 사는 공간에서 식물과 함께할 때, 우리는 식물의 한 살이, 즉 라이프사이클(life cycle)을 자연스럽게 본다. 씨앗에서 새싹이 돋아나 줄기가 자라고 뿌리가 튼튼히 자리를 잡는다. 그러다 가끔은 병충해가 발생해 성장에 방해가 되기도 하지만 어려움을 이겨낸 식물은 더욱 튼튼히 자라간다. 풍성한 꽃을 피우고 열매를 맺어 씨앗을 남기는 이러한 식물의 전 과정은 사람의 전 생애와 유사한 면이 있다.

식물과 사람의 생명 주기 비교	
식물	씨앗에서 새싹이 돋음 → 잎이 자라감 → 뿌리가 단단해짐 → 때로는 병충해 발생 → 꽃이 핌 → 향기가 만발함 → 열매를 맺음 → 씨앗을 만듦
사람	생명의 탄생 → 성장과 발달 → 다양한 생활 사건을 통하여 좌절과 회복을 경험함 → 결혼 → 출산 → 노화 → 죽음

그래서 우리는 식물의 라이프사이클을 바라보며 식물의 생물학적 과정에 사람의 심리적인 과정을 비추어볼 때 사고의 반전과 사고의 확장을 경험한다. 이것이 반려식물과 함께 치유를 경험하기도 하는 이유다.

이렇게 생활 공간에서 식물을 기르는 반려식물이나 식집사라는 이름으로 유행하는 젊은 층의 식물 기르기 문화는 모든 세대의 현대인에게 집 안에서 식물을 기르기가 필요하다는 것을 보여준다.

식물 기르기는 이전만 해도 어린아이들의 생태 체험과 같은 교육적 관심이나 실버 세대의 소소한 취미로 인식되었다. 하지만 이제 식물과 사람이 같은 공간에서 함께 살아가는 것에 대한 모든 세대의 인식을 바꿔놓았고 새로운 인식이 자리 잡아가고 있다.

특히 코로나19 팬데믹 시기에 집이라는 주거 공간이나 개인 업무 공간에서 생명 있는 식물이라는 존재와 함께 살아가는 것은 매우 소중한 경험이 되었다. 최근 들어 식물 기르기에 사용되는 화분이나 물조리개 등 아기자기한 부자재의 판매가 증가한 것을 보면 알 수 있다.

식물 기르기로 배우는 공감과 배려

공감이란 그 사람의 상황이나 감정을 비슷하게 이해하는 것이다. 감정이입이라고도 할 수 있는 공감의 문화를 조선 시대 문인의 사군자에서도 찾아볼 수 있다. 당시에는 선비의 기개와 절개를 매화, 난초, 국화, 대나무에 감정이입을 하여 표현하였다.

무심코 지나는 길에 아직은 추운 봄이지만 겨울을 지내고 피어나는 잡초를 보면 우리는 생명의 힘을 느낀다. 때로는 하나의 강낭콩 씨앗이 싹을 틔우고 가느다란 줄기에서 자신보다 무거워 보이는 강낭콩 열매를 무성히 맺어 휘어졌을 때, 우리는 무언가 지지해줄 대상을 찾아 묶어 준다.

이렇듯 식물을 잘 기르려면 식물의 필요가 무엇인지, 식물이 지금 어떤 상태에 있는지를 살펴야만 한다. 그리고 이러한 일들은 나 그리고 다른 사람을 이해하고 공감하는 것으로 확장될 수 있다.

배려란 상대방에게 관심과 주의를 기울이는 것이며, 다른 사람이 성장할 수 있도록 도와주는 것이다. 식물의 상태를 살피고, 식물에 필요한 것을 해주려 나의 몸을 움직이다 보면, 이는 곧 나와 타인의 필요에 반응하는 습관으로 이어진다. 또한 공감과 배려를 저절로 배우는 기회가 된다.

식물을 기르면 식물의 생물학적인 특성에 사람의 심리학적인 특성을 결합해볼 수 있다. 다시 말해, 식물을 통하여 나의 마음을 비추어볼 수 있는데, 이를 반복하다 보면 몸에 배어 이웃, 공동체와 공감하고 배려하는 것으로 확장될 수 있다.

식물마다의 원산지 환경

집 안에서 식물을 기를 때 유의할 점도 있다. 모든 식물이 우리가 생활하는 실내 공간에서 잘 살 수 있는 것은 아니다. 마음에 든다는 단순한 이유로 실내에 들여왔다가는 식물이 시름시름 앓다가 생명을 잃기도 한다.

집 안에서 기르던 식물이 계속 잘 살지 못하면 아예 식물 기르기에 대한 흥미를 잃어버리는 사람도 생긴다. "내 손은 똥손"이라며 식물 기르기와 영 맞지 않는다며 체념하기도 한다.

그렇다면 실내에서 식물을 잘 기르려면 우리는 무엇을 먼저 생각해야 할까?

어떤 식물은 키우기가 어렵고 어떤 식물은 쉽게 잘 크지 않는 것이 아니다. 집 안이나 사무실과 같이 실내 환경에 가까운 환경에서 적응해온 식물이 실내에서 잘 살 수 있다. 식물은 살아온 환경, 즉 '식물의 고향'이라고 표현하기도 하는 원산지 환경이 실내와 유사할 때, 실내에서 잘 자란다.

식물은 다양한 지구의 환경에서 살아왔다.

우리가 일반적으로 열대, 온대, 한대라고 부르는 기후대, 그리고 사막, 밀림, 늪지대 등 여러 환경에서 식물은 오랜 시간 적응하며 살아왔다. 지역마다 온도나 습도, 햇빛이 모두 다르기에 식물은 자신이 살아온 지역의 환경에 따라 다르게 적응을 해왔다. 그래서 식물을 기르는 사람은 자신이 기르는 식물이 살아온 환경인 원산지를 아는 것이 매우 중요하다.

어떠한 식물은 기온이 연중 높고 습한 열대 지역을 원산지로 두고 적응을 해왔다. 이러한 식물은 열대식물로 분류되는데, 열대 밀림의 큰 나무가 우거져 빛이 잘 비치지 않아 빛의 요구도가 낮고 습하고 매우 더운 환경에서 잘 자라는 특징을 갖는다. 또한 겨울이라는 극한 환경에 노출되어 있어 겨울을 나기 위한 보호 장치를 몸속에 마련하며 적응해온 온대, 한대 식물도 있다.

그렇기에 실내에서 키우기에 어려운 식물이 따로 있다고 여기기보다는 바로 그 식물이 살아왔던 원산지의 환경(빛, 온도, 수분, 토양)을 고려해야 한다. 그 환경을 알면 내가 원하는 공간에서 그 식물과 함께 살아갈 수 있는지를 알 수 있다.

식물의 양분을 만드는 광합성

모든 식물이 우리가 사는 실내 공간에서 잘 사는 것은 아니다. 다시 말해, 모든 식물이 실내 공간에서처럼 약한 빛을 받으며 살 수 있는 것은 아니다.

식물은 광합성이라는 양분을 만드는 과정을 통해 양분을 생산해내며 살아가는데, 광합성을 이루기 위한 빛의 조건은 각각의 식물마다 다르다.

열대 밀림의 숲이 우거진 공간에서는 큰 나무들 때문에 빛이 차단되기에 약한 빛에서도 광합성을 할 수 있어야 한다. 그래서 열대 밀림의 식물은 빛이 부족한 공간에서도 광합성을 잘하고 실내 공간처럼 빛이 부족한 환경에서도 잘 산다.

반면에 강한 빛에 도달해야 비로소 광합성을 할 수 있는 식물이 있다. 이러한 온대와 한대 식물은 실내가 아닌 바깥 공간에서 강한 빛을 요구하며 살기에 양지식물(陽地植物)이라고 한다. 우리가 흔히 바깥 정원이나 길가 화단에서 많이 보는 소나무나 은행나무, 철쭉, 수국 등이 이에 해당한다. 이렇게 햇빛의 요구도가 강한 식물을 실내에서

광합성의 원리

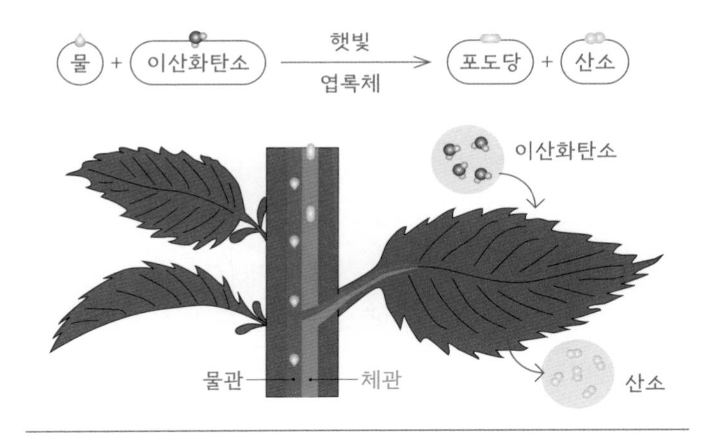

기르면 빛이 부족하여 광합성에 도달하지 못하고 이에 따라 양분의 생성이 적절히 이루어지지 않아 결국 시름시름 앓다가 자라지 못한다.

그런데 실내에서 잘 사는 실내식물은 음지식물(陰地植物)이다. 음지식물은 햇빛이 부족하여도 충분히 광합성에 도달해서 양분을 만들어내고 잘 살아간다.

실내 공간의 부족한 햇빛

실내 공간은 바깥, 즉 실외 공간에 비하여 빛의 양이 매우 부족하다. 그래서 실내 공간에서는 야간에 형광등이나 LED 조명과 같은 인공 광을 이용하기도 하지만, 이 같은 조명이 있어도 실외의 자연 채광에 비하면 빛의 양이 매우 부족하다. 이러한 실내에서 모든 종류의 식물을 다 기를 수는 없다.

최근 다육식물을 기르는 것을 좋아하는 사람들이 늘어나 집 안에서 다육식물을 기르는 경우가 많지만, 결국 다육식물의 원산지 환경과 실내가 상당히 달라 다육식물의 생육이 좋지 못하게 된다. 가끔 우리 집 다육이가 키가 많이 컸다며 좋아하는 사람들이 있다. 이는 다육식물에 대해 잘 모르기에 보이는 반응이다. 원래 다육식물은 원산지 환경에서 강한 햇빛을 받으며 자란다. 그런데 실내의 부족한 빛 조건에서는 햇빛을 조금이라도 더 받기 위하여 키가 웃자라는 현상이 벌어지기도 한다. 지속해서 실내의 부족한 빛 환경에 방치되면 결국 웃자라다가 조직이 연화되고 고사하고 만다.

이러한 안타까운 실수를 하지 않고, 집이라는 실내 공간에서 식물을 잘 기르려면 열대 밀림처럼 빛이 부족한 환경에서 적응해온 열대 관엽식물을 선택해야 한다.

그런데 최근에는 공간의 제약을 없애고 실내에서도 다양한 식물을 길러 산업에 이용하고자 하는 과학기술 기반의 농업 방식인 스마트팜(smart farm), 식물공장(植物公場)이 보급되고 있다. 이는 농업에 정보통신기술(ICT)을 접목하여 만들어진 기술형 농장으로, 재배 시설에서 빛과 온도, 습도 등이 제어된 최적의 실내 환경에서 식물이 산업적으로 길러지기도 한다.

열대 관엽식물의 번식

열대 관엽식물은 열대 밀림의 따뜻하고 축축한 환경에서 잘 성장해왔다. 이러한 환경은 식물이 생육하기에 매우 편안한 상황이다.

그렇기에 자신의 한계 상황에 쉽게 노출되지 않는 식물은 다음 세대를 남기는 노력을 덜 기울일 수 있다. 식물은 매우 춥거나 덥거나 하면 잠(휴면; 冬眠, 夏眠)을 자기도 하고, 씨앗을 만들어내는 노력을 기울여 다음 세대를 남기고 고사하기도 한다. 그런데 열대 관엽식물은 생육 환경이 너무 편안하기에 꽃을 피워 씨앗을 만들어내기보다 뿌리나 줄기, 잎의 생육에 더 집중할 수 있다. 따라서 열대밀림에서 생육하는 식물은 잎이 크고 멋진 편이라 관상 대상이 잎인 관엽식물(觀葉植物)이라고 불린다.

관엽식물은 꽃에서 수정을 통해 얻어진 씨앗으로 번식하는 종자번식 대신, 뿌리나 줄기, 잎과 같은 영양기관을 통해 꺾꽂이(삽목), 접붙이기(접목), 휘묻이(취목) 등으로 영양번식하는 것이 더 많다. 관엽식물 중 줄기를 잘라 번식하는 스킨답서스, 아이비와 같은 식물은 줄기를 잘라 흙이나 물에 꽂아두면 몇 주 정도 지난 후 새로운 뿌리가 잘라진 줄기로부터 나오는 것을 볼 수 있다. 이렇게 줄기를 잘라 새로운 개체를 얻는 번식 방법을 영양기관(뿌리, 줄기, 잎)을 이용한다고 하여 영양번식이라고 한다.

물론 열대 밀림의 관엽식물도 씨앗으로 번식하는 종자번식의 방법을 이용할 수 있다. 또한 관엽식물도 꽃을 피우기도 한다. 가끔 집에서 기르는 드라세나 종류인 행운목에서 꽃이 피어 행운이 깃든다며 기뻐하는 사람을 볼 수 있는데, 이는 관엽식물이 드물게 꽃을 피우기에 있는 일이다.

실내식물을 조금 더 가까이 알기

꽃과 잎이 아름답다고 해서 식물의 원산지 환경이 어떠한지 알아보지도 않고 실내 공간에 들여와 기르다가 낭패 보는 사람이 많다. 식물이 금세 마르고 살 수 없게 되는 것이다.

그러면 실내 공간에서 키우기 적합한 열대 밀림에서 살아온 식물은 과연 어떤 식물일까? 이러한 식물은 열대 밀림에서 살아왔기 때문에 '열대식물'이라고 하거나, 실내 공간에서 사는 게 가능하기에 '실내식물'이라고 한다. 그리고 실내 공기를 깨끗하게 하므로 '공기정화식물'이라고도 한다.

열대 밀림은 온도가 높고 습하다. 그래서 식물이 쑥쑥 자라기에 적합한 공간이다. 열대 밀림 안에서 사는 식물은 다음 세대를 기약하며 자신의 죽음을 준비하기 위해 종자(씨앗)를 만들어내는 준비를 철저히 할 필요가 없다. 그래서 종자로 번식하기보다는 뿌리, 줄기, 잎을 이용한 영양번식을 주로 한다. 그러다 보니 종자번식을 위해 꽃이 화려하게 자주 피기보다는 잎이 크고 무성하게 자란다. 그래서 열대식물의 또 다른 이름은 관상 대상이 잎인 '관엽식물'이라고 한다.

우리가 실내 공간에서 식물과 함께 살아가려면 이 관엽식물에 대하여 알 필요가 있다. 이제부터 실내 관엽식물이 살아가기에 적합한 환경을 온도, 햇빛, 수분(습도), 토양 조건으로 나누어 알아보자.

2장
식물을 알아가다

실내에서 살 수 있는 식물

누군가와 함께 살아가기 위해서는 서로를 알아야 한다. 무엇을 좋아하고 무엇을 잘 먹는지, 어떨 때 기분이 좋은지를 말이다. 마찬가지로 집 안에서 식물과 함께 살아가기 위해서도 식물에 대하여 잘 알아야 한다.

가장 먼저 집 안, 실내는 바깥 환경과 많이 다르기에 공간의 환경적 특징을 알아야 한다. 이렇게 실내 공간에서 잘 살 수 있는 식물이 무엇인지, 어떠한 식물이 실내에서 우리와 함께 잘 살 수 있는지를 알고 식물을 선택한다. 그런 다음 실내 관엽식물, 열대식물에 대한 특성을 햇빛과 온도, 수분, 토양 조건으로 구분하여 알아보도록 한다.

많은 사람이 이러한 이야기를 많이 한다. "식물이 우리 집에만 오면 죽어요." 사실 나의 노력이나 관심이 부족해서가 아니라 식물에 대하여 알지 못하기 때문에 식물이 잘 살지 못하는 것이다.

그렇다면 반려식물과 함께 살고 싶다면 식물에 대해서 무엇을 먼저 알면 좋을까? 바로 원산지 환경이다.

식물은 오랜 시간 살아왔던 원산지의 환경에서 적응을

해왔다. 식물의 고향이라고 할 수 있는 원산지의 햇빛, 온도, 수분, 토양이 잘 맞아야 식물이 잘 살아갈 수 있다.

강한 빛을 쬐어야 광합성을 하고 꽃을 피우고 성장하는 식물이 있는가 하면, 그늘진 약한 빛에서도 잘 살아가는 식물이 있다. 겨울철의 추운 온도에서도 잘 견뎌 이듬해 봄을 기약하는 식물이 있는가 하면, 연중 따뜻해야만 살 수 있는 식물도 있다. 완전히 물속에 뿌리를 내리고 살아가는 수생식물이 있는가 하면, 건조한 지역에서 살아왔기에 물을 자주 주지 않는 것이 좋은 식물도 있다.

이처럼 식물은 자신이 오랜 시간 적응을 해온 환경이 있다. 식물을 무리 지어놓은 분류, 그리고 어떠한 식물이 어떠한 환경에 살아가기에 적당한지를 찾아보자.

우리 집, 내가 살아가는 실내 공간에 식물을 들이기 전에 실내 공간이라는 환경적 특성도 파악하자. 실내 공간은 일반적으로 실외 공간에 비하여 빛이 어둡다. 그렇다면 빛이 부족해도 광합성이 제대로 이루어지는 내음성 식물, 즉 음지식물을 키우는 것이 좋다.

이런 점을 무시하고 막무가내로 식물을 키우다가는 소중한 식물이 병들거나 죽을 수도 있다. 식물에게 자신이 살아갈 수 있는 환경 특성을 무시하고 나의 취향에 맞추라고 하는 식이니 뻔히 예상되는 결과다.

한편 실내 공간의 환경적인 특성 중에서 햇빛 이외에 온도와 물과 토양은 실내에서도 조절이 가능한 요인이다. 추워지면 난방으로 실내의 온도를 따뜻하게 하고, 물이 부족하면 물을 주면 된다.

이에 비해 햇빛은 보광(補光)을 하더라도 실내에서 개선하기가 어려운 요인이다. 따라서 내가 살아가는 공간으로 식물을 들일 때 가장 중요하게 고려해야 하는 환경 요인은 바로 햇빛일 수 있다. 그래서 다음 글에서는 햇빛이 부족한 공간에서도 잘 사는 식물에 대하여 알아보겠다.

실내 공간의 햇빛

실내 공간의 햇빛은 실외 조건에 비하여 매우 어둡다.

식물에게 있어 햇빛은 살아가기 위해 양분을 만들기 위한 필수 요소다.

식물은 움직여서 먹이를 먹는 동물과 다르게 스스로 양분을 합성하여 생명을 유지한다. 이때 녹색 식물의 잎에 있는 엽록체와 공기 중에서 잎의 기공으로 들어온 이산화탄소, 식물체 속의 물이 햇빛을 받아 광합성을 하여 유기물을 만들어 그 만든 양분으로 살아가게 된다.

그런데 식물은 종류에 따라 요구하는 햇빛의 광도가 다르다.

햇빛이 강하게 비치는 양지에서 자라는 식물을 양지식물 혹은 강광 식물이라고 하고, 햇빛이 약하게 비치는 음지에서 자라는 식물을 음지식물 혹은 약광 식물이라고 한다. 즉, 햇빛을 충분히 받는 길가나 화단에서 잘 자라는 식물을 양지식물이라고 하며, 빛이 부족한 실내에서 잘 자라는 식물을 음지식물이라고 한다.

식물마다 자신이 원하는 광 요구도가 있는데 이에 광도

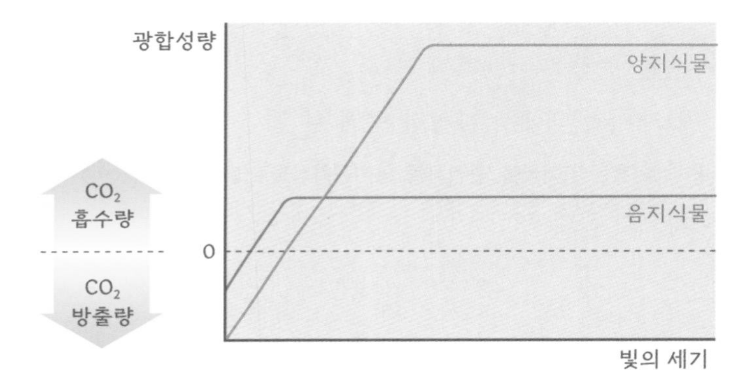

가 못 미치면 광합성이 제대로 이루어지지 않게 된다. 또한 요구되는 광도 이상의 빛이 계속 비치면 갈색의 반점이 생기거나 잎이 타기 때문에 검은 천으로 빛을 가려주는 차광을 하기도 한다.

그렇다면 실내에서 식물과 함께 살아가게 될 때 실내 환경에서 비춰지는 광의 양은 어느 정도가 될까? 실내에서 햇빛은 유리창을 투과하여 비치게 되어 빛의 세기가 약해진다. 간혹 유리창이 없는 건물이나 지하 공간일 경우 인공 광에 의존하여 빛을 받게 된다.

실내 공간의 조도는 일반적으로 1,000룩스(실외 공간의 조도 2~10만 룩스) 이하다.

실내 공간에서 식물을 기르기 위해서는 햇빛의 요구도가 낮은 식물을 선택해야 한다.

그래서 실내에서 사람과 함께 잘 살 수 있는 식물인 실내식물(혹은 열대식물, 관엽식물, 공기정화식물로 불림)에 대하여 알아가고자 한다.

실내 공간의 온도

적절한 온도는 사람이 쾌적하게 생활할 수 있게 해줄 뿐만 아니라 몸의 활력까지 좋게 한다. 물론 추운 지역에서 오래 살아온 사람은 낮은 온도에 더 잘 적응하며 더운 지역에서 살아온 사람은 더위를 잘 견딘다.

온도는 식물에도 중요하다. 온도는 식물의 몸 안에서 이루어지는 광합성과 호흡, 증산작용 등의 대사 작용에 영향을 준다.

식물은 원산지의 온도 환경에 따라 열대식물, 온대식물, 한대식물로 구분할 수 있다. 원산지에 따라 식물이 적응해 살아온 온도 환경은 모두 다르다.

열대식물은 25~30도 전후에 생육이 좋고, 연중에 휴면 없이 생장을 한다. 온대 및 한대 식물은 10~20도 전후에 생육이 좋고 추위가 심한 계절에는 휴면하여 생장을 일시 멈추기도 한다.

열대 관엽식물은 대부분 열대 및 아열대가 원산지여서 겨울철에도 10도 이하로 내려가지 않는 공간에서 키워야 한다. 가끔 여름철에 베란다나 복도에 놓아둔 관엽식물의 화분이 늦가을로 들어서 새벽 기온이 낮아지면 잎이 누렇게 되거나 힘없이 쳐지는 경우를 볼 수 있다. 이는 열대식물에 해당하는 관엽식물이 많이 낮아진 온도를 견디지 못했기 때문이다.

우리나라는 사계절이 있어 실내 공간도 온도의 변화가 있다. 봄이나 가을의 온도는 실내에서 생활하기에 적합하고, 여름에는 냉방으로 온도를 낮추기까지 하며, 겨울철에는 사람도 실내 공간에 난방 없이는 생활하기 어렵다.

실내에서 열대식물을 키울 때는 겨울철에는 난방으로 반드시 온도를 높여주어야 한다. 실내에 난방이 되지 않으면 관엽식물이 생활하기에는 온도가 낮아 생존하기가 어려워진다. 따라서 겨울철 실내 공간에서 열대 관엽식물을 잘 키우기 위해서는 사람이 살기에 적당한 온도로 난방을 해줄 필요가 있다.

사무실이나 상업 공간은 겨울철 밤에는 난방을 하지 않는 경우가 많아 식물의 생육에 문제가 생기기도 한다. 학교 교실에서 키우는 식물도 마찬가지다. 방학 전에 잘 자라던 실내식물이라도 겨울방학 때 대부분 죽고 만다. 대부분이 연중 따뜻한 지역에서 살아온 열대 식물인 까닭에 교실에 난방을 하지 않으면 살 수 없는 것이다.

실내 공간의 수분

사람은 몸이 하루에 필요로 하는 양의 물을 마시는 것이 건강에 매우 중요하다. 식물도 마찬가지로 생명을 유지하는 데 물이 꼭 필요하다.

식물에게 물은 뿌리에서 흡수한 양분을 줄기와 잎으로 이동시키는 데 필요하며 씨앗을 발아시키는 데에도 필수다. 그뿐 아니라 물은 식물체의 모양을 일정하게 유지시켜주기도 하고, 몸속의 생리 작용을 하는 용매 역할을 하기도 한다.

공중 습도는 실내 온도가 올라가면 낮아지기 마련이다. 특히 겨울철에 난방을 하면 실내 공간은 매우 건조해지고 습도가 낮아진다.

실외 공간에서 자연적인 강우로 식물에 물을 보충해주는 경우가 아니라면, 실내 공간에서 식물을 기를 때는 반드시 화분에 물을 공급해주어야 한다.

그러면 올바르게 물 주는 방법은 어떻게 될까?

우선 물은 한 번 줄 때 충분히 주는 것이 좋다. 충분히 준다는 것은 화분 배수 구멍으로 물이 빠질 때까지 주는 것을 말한다. 작은 화분이야 금세 물이 빠지지만 큰 화분은 물이 빠질 때까지 시간이 오래 걸리기도 한다. 이만큼 물을 충분히 주어야 화분 내 모든 공간에서 뿌리가 물을 흡수할 수 있다.

그리고 물을 주지 않을 때는 화분 내 토양 속 공기(기체)가 차지하는 공간을 만들어주도록 한다. 그래야 뿌리도 공기와 접촉하고 통풍이 잘되어 건강하게 자랄 수 있다.

실내 공간에서의 토양

화분에 흙을 넣고 식물을 키울 때, 토양은 식물의 뿌리를 지지하는 기반이 되기도 하고 양분을 흡수하는 토대가 되기도 한다.

좋은 토양은 수분을 잘 보유하고 통기성이 좋고 병충해가 없는 것이다. 실내에서 화분에 흙을 넣을 때, 뒷산이나 놀이터 등에서 가져온 흙을 넣어 식물을 기르면 흙 안에 벌레의 유충, 세균이 들어 있을 수 있다. 그래서 소독된 토양이 필요한데, 이를 원예용 토양이라고 하며 배양토, 인공상토, 분갈이 토양 등의 이름으로 화훼 재배상이나 마트에서 판매하고 있다. 이 원예용 토양은 고온, 고압에서 소독이 된 상태라 실내에서 식물을 기르기에 좋다.

이러한 좋은 토양은 배수가 잘되고 통기성이 좋아 식물의 뿌리를 건강하게 해준다. 시중에서 펄라이트, 피트모스, 버미큘라이트 등 여러 종류의 토양을 배합하여 판매하니 참고해보자.

실내에서 식물을 기를 때, 식물의 뿌리를 지지해줄 토양은 실외 공간에서보다 더 신경 써야 한다. 통기성이 좋아 물빠짐이 잘되어 뿌리가 썩지 않아야 하고, 실내 공간의 건조함에 잘 견디어 충분히 수분을 보유하는 토양이 좋다.

토양 속 세균은 식물의 뿌리를 통해 오염이 가능하다. 따라서 공항에서는 외국에서 유입한 뿌리가 있는 식물이나 토양에 대해 민감하게 반응한다. 다른 나라에서 가져온 식물의 뿌리나 토양에서 그 나라의 풍토병이 우리나라로 옮겨올 수 있어서다.

이렇듯 우리가 실내 공간에서 식물을 기를 때는 식물의 생장뿐만 아니라 실내에서의 위생을 고려한 토양을 사용하는 것이 필요하다. 최근 병원에서도 실내 공간의 그린 인테리어를 도입하여 쾌적하고 생동감 있는 분위기를 만들기 위하여 노력하는데, 이 경우 소독된 원예용 토양을 활용하는 것이 좋다. 식물을 기르며 사람들의 몸과 마음을 치유하는 원예 프로그램을 적용할 때에도 깨끗한 토양을 사용하도록 한다.

관엽식물을 화분에서 기르면서 분갈이가 필요한 시점이 있다. 식물의 지하부 뿌리의 발육이 좋아 화분에 뿌리가 꽉 차게 되었을 때나 지상부의 잎과 줄기 부분이 너무 잘 자라 화분의 크기가 작게 되었을 때다.

분갈이를 할 때는 기존의 화분보다 큰 화분을 준비한다. 화분에서 식물을 꺼낼 때, 화분을 손으로 두드려 화분에 단단히 붙어 있는 뿌리를 떨어지게 한 뒤 잎과 줄기를 조심스럽게 잡고 꺼낸다. 화분 배수 구멍에 그물망이나 돌조각을 넣어 흙이 빠져나가지 않게 하고 토양을 3분의 1 정도 넣고 나서 분갈이 식물을 넣어준다. 그다음에는 흙을 더 넣고 손가락으로 눌러 토양을 다져준다. 관엽식물은 양분의 요구도가 높지 않으나 분갈이를 할 때 비료를 넣어주기도 하는데, 비료와 식물의 뿌리가 직접 닿지 않도록 한다. 그렇지 않으면 저농도의 물이 고농도 쪽으로 이동하는 삼투 현상에 따라 식물의 수분이 빠져나가 식물체가 시든다. 가끔 분갈이를 하고 비료도 주었는데 우리 식물이 말라버렸다고 하는 이유가 여기에 있다.

식물에 주는 영양제, 즉 비료는 크게 잎의 비료와 꽃의 비료로 나눌 수 있다. 잎의 비료는 질소질(N) 비료며 잎과 줄기, 뿌리의 생장을 돕는 영양생장에 도움을 주기에 생육 초기에 필요한 밑거름(基肥)으로 준다. 꽃의 비료는 인산질(P) 비료고 꽃과 열매와 같은 생식생장에 도움을 주는 비료이기에 생육 후반기에 늦거름(追肥)으로 준다.

화훼 재배상에서 비료를 구매할 경우, 우리 집에서 기

르는 식물에 필요한 비료가 무엇인지를 알아야 한다. 만약 집 안에서 기르는 필로덴드론 셀렘과 같은 관엽식물의 잎이 누렇게 되어 잎의 비료가 필요하다면 질소질 비료, 잎의 그림이 그려진 비료를 구매하면 된다.

식물의 공기정화

최근 대기 오염에 대한 심각성을 누구나 인식하고 있다. 오늘의 날씨를 확인할 때, 기온과 강우 여부는 물론 미세먼지 수치도 반드시 살펴보는 항목이 되었을 정도다.

그런데 미국 환경부는 실외 공기뿐만 아니라 실내 공기의 질도 현대인의 건강을 위협하는 5대 요인 중 하나라고 한다. 특히 요즘 현대인은 실내에서 생활하는 시간이 많아져 실내 공기질에 대한 관심도 크고 개선에 대한 노력도 기울인다.

실내 공기의 가장 큰 오염 요인으로는 포름알데히드, 벤젠, 톨루엔 등 휘발성유기화합물과 일산화탄소, 이산화탄소, 미세먼지 등이 있다. 이 중 포름알데히드는 새집증후군을 일으키는 원인인데, 신축 주택의 건축 자재나 새 가구 속 접착제, 방부제 등에 들어 있어 아토피성 피부염이나 비염, 두통과 같은 증상을 일으킨다.

또한 대부분의 건물이 여름에는 냉방, 겨울에는 난방 효율을 높이기 위하여 이중창이나 단열재로 누기율을 낮추어왔다. 그 결과 환기를 통한 통풍이 원활하지 않으면 실내 공기 오염도는 더욱 높아진다.

그런데 이러한 실내 공간에 식물이 자라면 식물의 광합성 원리에 따라 녹색 잎의 엽록체에서 이산화탄소와 물을 만나 산소를 만든다. 또한 식물의 호흡을 통하여 실내 오염물질이 잎의 기공으로 흡수되어 줄기, 뿌리로 내려오는데, 이때 뿌리혹박테리아가 이를 정화하여 깨끗한 공기가 다시 기공으로 나가면서 공기정화가 이루어진다. 식물의 공기정화 효과는 미국 우주항공국(NASA)이 밀폐된 우주선 안의 공기정화를 위하여 진행한 실험에서 확인되었다.

식물의 공기정화 원리는 잎의 기공으로 흡수된 오염물질이 뿌리 옆에 공생하는 뿌리혹박테리아를 통하여 분해되고, 이렇게 정화된 공기를 다시 방출하는 것에 기초한다. 이와 더불어 음이온이나 식물의 방향성 물질, 산소, 물 등이 공기 중으로 방출되어 실내 공기가 쾌적해진다.

식물의 공기정화 능력을 확인한 실험에서 고사리와 같은 양치식물과 대부분의 관엽식물이 포름알데히드 등의 실내 오염물질을 제거하는 데 뛰어난 능력을 갖춘 것이 확인되었다.

또한 식물의 기공을 통하여 수분이 나가는 증산작용은 실내 공간의 습도를 조절하는 데 도움이 된다. 특히 겨울

실내식물의 공기정화 원리

❶ 공기 중에 있는 오염물질이 잎의 기공으로 들어옴

❷ 식물에 있는 물이 수증기가 되어 잎으로 나오며(증산작용) 온도와 습도가 조절됨

❸ 잎의 증산작용에 따른 압력 차이로 오염물질이 뿌리 쪽으로 이동함

❹ 뿌리 쪽에 있는 미생물이 오염물질을 분해함

철 실내 공간은 난방으로 더욱 건조해지는데, 이때 실내식물은 증산작용으로 습도를 높이는 자연 가습기의 역할을 한다.

최근 들어 실내에서 가습기를 이용할 때 안전성에 대한 우려가 있는데, 식물의 뿌리, 줄기, 잎으로 발산되어 나온 공중 습도는 무균 상태의 물이라 안전하다. 그래서 겨울철에 특히 식물이 많은 집에서는 호흡기 질환을 예방하며 편안하게 생활할 수 있다.

관엽식물을 실내에서 활용하기

화분에 심기(분화, 盆花)

관엽식물은 잎을 잘라 꽃다발이나 꽃바구니의 꽃의 배경이 되어줄 절엽으로도 활용하지만, 뿌리를 포함한 전체 식물을 화분에 심어 실내 공간에서 계속 기를 수 있다.

화분의 재질이나 모양은 시기마다 유행하고 선호하는 형태가 다르다.

토분은 다양한 재질의 화분이 만들어지기 전부터 있던 오래된 화분이었으나 최근에는 친환경적이며 레트로한 분위기를 선호하는 사람이 많아 인기가 높다. 토분은 화분 안과 밖의 통풍이 잘 이루어져 식물을 심으면 뿌리의 생육이 좋으며 흙의 과습이나 건조를 어느 정도 막아준다. 그러나 그늘진 곳에서 오래 두면 토분 겉에 보기 좋지 않은 하얀색 백태가 끼거나 곰팡이가 생기기도 한다.

재활용기를 이용한 업사이클링 정원

업사이클링(upcycling)은 버려진 자원 혹은 쓸모없게 된 폐품을 화학적인 분해 과정 없이 활용하여 기존의 것보다 더 좋은 품질과 가치를 더하는 과정이다.

집에서 넘쳐나는 생활용품은 쓸모를 다하여 버려지기 일쑤며, 요즘 일회용품이 증가할 수밖에 없는 생활 방식 속에서 이러한 생활용품은 정원을 만드는 데 매우 유용한 소재가 된다. 정원이라는 개념은 우리 주변 환경 안에서 식물을 아름답게 기르고 가꾸는 것이다. 따라서 생활 속에서 업사이클링이 가능한 재료를 화분이나 정원 소재로 사용함으로써 소비하는 정원이 아니라 생활과 함께 어우러지는 정원을 만들 수 있다.

집을 둘러보면 업사이클링 정원으로 활용 가능한 아이템이 얼마든지 있다. 페트병 소재의 음료수병, 통조림 깡통, 폐타이어, 각종 소스병, 이가 나간 커피잔 등은 멋진 정원을 경제적인 방법으로 만들어줄 아이템이다.

테라리움

1820년대 영국의 초보 식물학자였던 외과 의사 너새니얼 백쇼 워드(Nathaniel Bagshaw Ward)는 밀폐된 유리병에서 흙과 함께 고사리가 자라는 것을 보고 좋은 아이디어를 떠올렸다. 밀폐된 유리 공간을 식물을 기르는 상자로 활용하고 '워디안 케이스(Wardian case)'라고 이름 붙였다. 이는 밀폐된 유리 공간에 흙을 넣고 식물을 심고 이끼를 덮고 돌과 길을 만들어 축소된 자연환경을 모방한 테라리움의 시초가 되었다. 테라리움은 tera(땅)와 rium(지구)의 합성어로, 축소된 자연의 형태에서 작은 관엽식물을 심어 조금씩 물을 주고 성장하게 하는 실내 식물을 기르는 또 하나의 방식이다.

걸이 화분

걸이 화분은 덩굴성의 늘어지는 형태의 식물을 심어 벽이나 선반 등 수직 공간에 걸어두는 화분을 말한다. 최근에는 벽걸이 액자형 화분이나 벽 전체를 화분으로 매립하여 공간을 활용하기도 한다. 또한 천장에 고사리, 박쥐란 등의 관엽식물을 걸이화분으로 매달아 키우기도 하고, 유리병에 스킨답서스나 아이비의 줄기를 꽂아 장식하기도 한다.

수경 재배

스킨답서스와 같은 천남성과에 속하는 대부분의 관엽식물은 흙에서뿐만 아니라 물속에서도 잘 자란다. 집 안에서 수경 재배의 방식으로 관엽식물을 기르면 물 주는 수고를 덜 수 있다. 더구나 물을 주고 나서도 물이 흐르지 않아 깨끗하고, 유리 용기처럼 다양한 형태로 인테리어가 가능하다. 수경 재배를 할 때는 물속에서 식물체의 지지나 고정을 위하여 맥반석, 하이드로젤, 색깔 돌을 넣어주는데 이는 장식 효과도 있다.

· 화분에 심기

몬스테라

필로덴드론

알로카시아

몬스테라 무늬종

알로카시아 무늬종

율마(좌), 캔챠야자(우)

· 업사이클링

크라슐라(커피잔)

스킨답서스
(플라스틱 컵)

페페로미아(유리병)

· 테라리움

관엽식물

관엽식물

다육식물

· 걸이 화분

아이비

틸란드시아

콩짜개란

· 수경 재배

디펜바키아

스킨답서스

아스파라거스(좌),
멕시코 소철(우)

쉐플레라(홍콩야자)

떡갈잎고무나무

3장
식물과 친해지다

하나의 화분에 심은 가냘픈 새싹이 자라나 줄기를 뻗고 잎이 한둘 생겨나는 모습을 가까이에서 경험한 사람은 점점 더 많은 식물을 주변에 두고 싶어 한다.

생물 교과서에서 읽었던 씨앗의 발아, 줄기와 잎, 뿌리의 길이 생장, 부피 생장이 글자로서가 아니라 내 마음에 다가왔기 때문이다.

식물을 알아가기 시작할 때는 햇빛이나, 물, 따뜻함이 얼마나 필요한가 정도에 집중하지만, 점점 식물을 키우다 보면 각 식물이 가진 개성들에 눈을 돌리게 된다.

사람과의 만남에서도 알아가고 친해지는 과정이 있듯이 우리 집에 내가 들여온 식물을 키울 때도 마찬가지다. 처음에는 수고하며 식물을 돌보지만 시간이 지나서는 생명을 지닌 식물이라는 존재 덕분에 나의 공간이 활기를 띠게 되고 진심으로 식물을 좋아하게 된다.

그럼, 최근 많은 사람이 자신의 실내 공간에 많이 들이고 있는 자연, 10가지 관엽식물과 본격적으로 친해져보도록 하자.

몬스테라

학명 *Monstera deliciosa*　과명 천남성과

영명 Ceriman　원산지 열대 아메리카

몬스테라는 최근 많은 사람이 실내에서 기르는 관엽식물 중 하나다. 잎에 구멍이 있는 모양이 마치 몬스터(monster) 같다고 해서 몬스테라라는 이름이 생겼고, 한편으로는 스위스 치즈 같다고 하여 '스위스 치즈 식물'로 불리기도 한다.

그러면 몬스테라의 잎에는 왜 구멍이 있을까? 몬스테라가 사는 원산지 환경에서 그 이유를 찾을 수 있다. 몬스테라는 열대 밀림의 큰 나무들이 우거진 환경에서 살아왔다. 큰 나무들이 햇빛을 가리면 아랫부분의 잎은 빛을 받는 양이 적다. 몬스테라는 이러한 환경에서 아랫부분의 잎도 적절한 광합성을 하기 위하여 잎이 구멍 난 형태로 발달되었다. 이처럼 빛을 받는 양이 부족한 열대 밀림의 식물은 가장 적절한 방법으로 생존해 살아간다. 이렇듯 원산지의 환경을 알면 우리가 사는 실내 공간에서 어떠한 식물이 편안하게 잘 살지 알 수 있다.

몬스테라는 빛이 부족한 우리의 실내 공간에서 생육이 가능하며, 다른 관엽식물보다 저온에 비교적 강하고 매우 잘 자라 큰 화분에 심는 것이 좋다.

몬스테라는 어릴 적에 화분에 심어놓으면 곧은 수형을 유지하지만 커갈수록 지지대가 필요한 것처럼 늘어지기도 한다. 이럴 때는 벽이나 지지할 수 있는 장식용 사다리에 몬스테라의 줄기를 유인(誘引)하면 된다. 원하는 방향으로 움직이도록 끈으로 묶어 유도하는 것이다. 이때 줄기의 마디 부분에서 자라 나오는 공기뿌리(기근, 氣根)를 유지하려면 실내 공기 중에서 마르지 않도록 충분히 분무해주는 것이 좋다.

몬스테라는 줄기를 잘라서 흙에 꽂아 새로운 개체로 번식하는 꺾꽂이(삽목, 插木)로 주로 번식하는데, 이때 잎에 무늬가 있는 품종의 특성이 그대로 다음 세대로 반영되는 영양번식(榮養繁殖)을 주로 한다. 새로운 품종으로 개량할 때는 유전법칙에 따라 암술의 유전형질과 수술의 유전형질의 조합을 통하여 다음 세대에 새로운 품종을 기대할 수 있는 유성번식(有性繁殖) 혹은 종자번식(種子繁殖)을 하면 된다. 그러나 개체가 가진 아름다움과 특징을 그대로 보존하고 싶다면 유성번식이 아닌 무성번식(無性繁殖)의 방법인 영양번식으로 번식하는 것이 좋다.

몬스테라는 녹색의 잎에 백색이나 황색의 줄무늬를 띠는 품종이 있다. 이처럼 무늬 있는 품종은 더 인기가 있어 최근 애호가의 몬스테라 무늬종 번식이 유행한 적도 있다. 요즘은 식테크(식물+재테크)라고 해서 특이한 모양이나 색을 지닌 희귀 식물을 번식하여 나누거나 판매하기도 하는데, 몬스테라가 식테크에 많이 사용되고 있다. 특히 몬스테라 알보(*Monstera deliciosa* var. Albo)는 잎에 흰 무늬가 있는 변이종으로 인기가 높다. 몬스테라 알보는 잎에 엽록소가 없는 부분이 있어 광합성을 위한 더 많은 빛을 필요로 한다.

박사 학위를 받은 후 대학에서 처음 '그린인테리어'라는 과목을 강의하던 봄이었다. 학생들에게 기말 과제로 "생활 주변에서 그린인테리어로 잘 활용되고 있는 관엽식물 3종을 조사해 오라"고 했던 적이 있다. 그중 많은 학생이 몬스테라를 꼽았는데, 단연 독특한 잎의 모양과 무늬를 이유로 들었다.

극락조

학명 *Strelitzia reginae* 과명 파초과
영명 Bird of Paradise 원산지 남아프리카

‘천국의 새’라는 뜻의 극락조는 붉은 새와 같은 생김새의 꽃이 화려하다. 또한 줄기의 수형이 곧고 단단하며 잎도 크게 자란다.

그러나 실내에서 빛이 부족하면 꽃이 피지 않고 잎만 무성하게 자란다. 형태가 매우 직선형으로 곧게 잘 자라 누구보다 건강미를 뽐내는 식물이다. 번식은 포기 나누기(분주, 分株)로 하며 번식 후에 몸살을 앓지 않도록 뿌리가 흙에 잘 붙어 있도록 지지해준다.

극락조는 물을 매우 좋아하여 충분히 물을 주고 관리하면 금세 키가 자라는 것을 볼 수 있다. 이런 이유로 극락조는 실내식물로 가정이나 사무실, 상업공간에서 수요가 매우 높다.

특히 최근에는 토분이 인기가 있어서 극락조도 토분에서 키우는 사람이 많다. 토분은 여러 장점이 있는 화분이다. 무엇보다 화분에 물을 줄 때 흙 재질인 토분 자체가 물을 먹는 특성이 있다. 반대로 물이 부족할 때는 화분이 머금고 있던 물을 다시 흙과 식물의 뿌리에도 공급해준다. 더구나 토분은 공기와의 통기성도 좋으며 친환경적인 소재다.

알로카시아

학명 *Alocasia odora*　과명 천남성과

영명 Elephant Ears　원산지 동남아시아

빛이 부족한 실내 공간에서 매우 잘 자라는 알로카시아는 그린인테리어로 적합하다.

알로카시아는 새잎이 오므라져서 펴질 때, 하트 모양으로 자라 나와 코끼리 귀처럼 넓고 큰 잎으로 자란다. 자라는 속도가 매우 빨라서 초본성 식물이지만 나무처럼 크게 자라 거실이나 사무 공간에서 큰 화분에 배치하기도 한다. 알로카시아는 품종이 매우 다양한데 잎에 무늬와 색이 화려한 품종이 있어 최근에는 많은 애호가가 키운다. 오래된 잎은 노랗게 변하면서 시들어 쳐지며 이때 억지로 떼어주면 줄기가 가늘어지므로 자연스럽게 떨어지게 두는 것이 좋다.

그리고 알로카시아를 키우면 잎끝의 수공에서 물이 자주 맺히는 것을 볼 수 있다. 밤사이 습도가 높아졌을 때 생기는 현상인데, 마치 식물이 눈물을 흘리는 것처럼 보이기도 한다.

물 관리는 알로카시아 화분에 일주일에 1~2회 충분히 물을 주는 식으로 하는 것이 좋다. 물을 줄 때는 화분의 배수 구멍으로 물이 빠져나오는 것이 확인되는 정도로 충분히 주어 화분 속의 모든 뿌리가 물을 만날 수 있도록 한다. 물을 주지 않을 때는 물을 말려서 화분 속에 통풍이 되도록 하는 것이 좋다.

알로카시아와 같은 관엽식물은 열대 밀림의 초식동물이나 곤충의 먹이가 되지 않고 그 틈에서 살아남기 위하여 잎에 약간의 독성을 지닌 경우가 많다. 그래서 실내에서 기를 때는 아이나 반려동물이 관엽식물 화분에서 잎이나 줄기를 잘라 먹지 않도록 주의해야 한다. 독성이 있는 관엽식물을 먹었을 경우에는 입이나 혀에 약간의 돌기가 생기거나 가려움이 나타난다.

틸란드시아

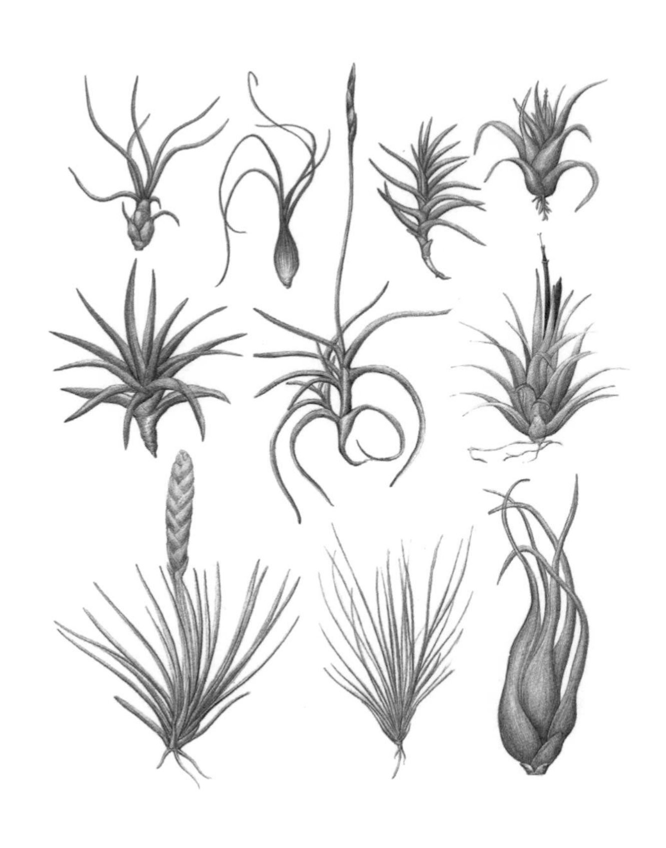

학명 *Tillandsia cyanea* 과명 파인애플과
영명 Blue-flowered Torch 원산지 남아메리카

틸란드시아는 품종이 매우 많다. 그중 우리나라에서 가장 많이 키우는 것은 밤송이 모양의 틸린드시아 이오난사(*Tillandsia ionantha*)와 수염처럼 길게 자라는 틸란드시아 우스네오이데스(*Tillandsia usneoides*)다.

틸란드시아는 나무에 붙어 사는 형태인 착생식물이라 낚싯줄이나 철사로 묶어 공중걸이용으로 많이 기른다. 이러한 틸란드시아를 처음 보는 사람은 언뜻 고무나 플라스틱 조화 같은 식물로 착각하기도 한다. 착생식물의 뿌리는 물을 흡수하기보다 어딘가에 달라붙기 위하여 발달한 것이기 때문에 틸란드시아는 물을 줄 때 식물체 전체를 물에 담그는 것이 좋다. 그래서 '먼지 먹는 식물'로 이야기되며 최근 인기가 많은 식물이다.

틸란드시아는 통풍이 잘되는 환경을 좋아한다. 그렇기에 집에서 틸란드시아를 잘 기르려면 실내 공간의 환기를 자주 시켜주는 것은 필수다. 또한 밝은 실내 공간에서 기르거나 햇빛이 드는 창가에 자주 걸어두는 것이 좋다. 틸란드시아는 새집증후군 오염물질인 포름알데히드의 제거 효율이 높은 공기정화 능력이 탁월한 식물이기도 하다.

번식은 어미식물 옆에 작게 자라나는 자식식물을 떼어내는 방법으로 하면 된다. 천천히 힘을 주면 자식식물이 잘 떼어진다. 이러한 특성이 있어 물을 많이 주고 나서 잎을 만지면 잘 부러지기도 하니 주의를 기울여야 한다.

틸란드시아는 뿌리를 흙에 심을 필요가 없고 물 관리가 쉬워서 유리 상자나 컵에 테라리움, 접시 정원의 형태로 모래와 장식품을 곁들여 기르기도 한다.

산세베리아

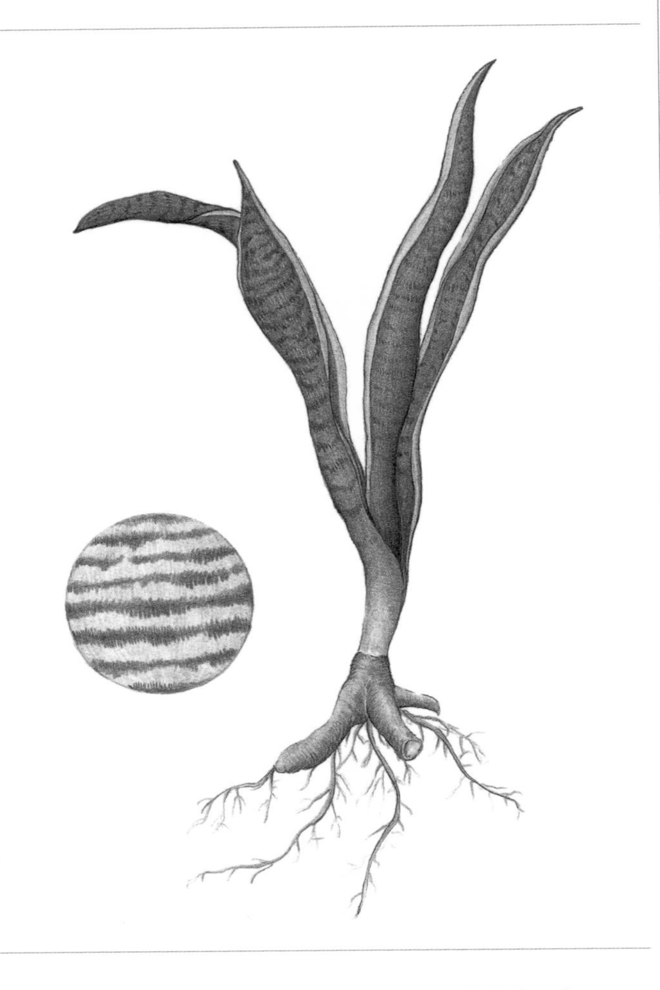

학명 *Dracaena trifasciata* 과명 아스파라거스과

영명 Snake Plant, Mother-in-law's Tongue

원산지 남아프리카, 인도

산세베리아는 아스파라거스과의 다육식물이며 줄기가 곧고 길게 자란다. 줄기가 길고 잎의 무늬 결이 뱀을 닮았다고 해서 영명으로 스네이크 플랜트(Snake Plant)라고도 하며, 잎의 모양이 날카로워서 장모님의 혀(Mother-in-law's Tongue)라고도 불린다. 원산지는 아프리카, 인도로 건조한 곳에서 자생하는 다육형 관엽식물이다.

우리나라에서는 2000년대 초반 식물의 공기정화 기능을 실험하며 산세베리아를 대상 식물로 연구를 한 바 있는데, 이 때문에 한때 산세베리아의 수요가 매우 높았다. 사람들이 마치 산세베리아만 공기정화가 되는 것처럼 오해하는 바람에 많은 가정이나 사무실에서 공기정화를 목적으로 산세베리아를 기른 것이다.

그렇다면 실제로 산세베리아가 공기정화 효과는 있는 걸까? 다양한 식물로 공기정화 실험을 하여 공기정화 성능을 순위로 매긴 적이 있다. 그 결과, 실제로 산세베리아는 다른 관엽식물보다 공기정화 기능이나 음이온 발생 능력이 우수하게 나타났다.

산세베리아는 생명력이 강하여 어디서든 잘 자라나며 햇빛이 거의 들지 않는 실내 공간에서는 잎의 색이 옅어지지만 생장은 잘된다. 물을 너무 많이 주면 뿌리가 과습

해져 쇠약해지는데 줄기가 갑자기 주저앉아 꺾인다.

줄기를 10센티미터가량 잘라서 흙에 꽂으면 새로운 개체가 태어나는 꺾꽂이(삽목)번식이 가능하다. 이때 자른 줄기를 위(잎끝 부분)와 아래(뿌리 부분)를 뒤집지 않고 꽂아야 새 뿌리가 자라는 데 필요한 발근호르몬(루틴)이 나와 새로운 개체로 자란다. 가끔 산세베리아 줄기를 잘라 3~4등분 하여 흙에 꽂아 번식했는데, 중간에 자른 줄기의 위아래 부분이 뒤집혀 새 뿌리가 나지 않아서 번식에 실패하는 경우가 종종 발생한다. 이렇게 식물의 번식은 씨를 뿌리는 종자번식(유성번식)과 잎 또는 줄기, 뿌리를 잘라서 새로운 개체를 얻는 영양번식(무성번식)이 있다.

산세베리아는 영양번식 중 꺾꽂이 방법으로 번식할 때 잎의 가장자리에 무늬가 있는 경우 잎을 꽂아 꺾꽂이하면 밋밋한 녹색 잎으로 자란다. 이는 원종의 발육 단계에서 왜화제나 탈색제를 이용했기 때문에 나타나는 현상이다.

스킨답서스

학명 *Epipremnum aureum*　과명 천남성과
영명 Pothos, Golden Pothos　원산지 솔로몬군도

줄기가 늘어지는 형태로 벽면 장식이나 걸이용 화분에 스킨답서스를 활용하면 좋다.

화분을 지면에 두고 줄기가 벽이나 지지대를 타고 올라가는 형태로 자라게 될 때는 잎의 크기가 점점 커진다. 반면에 걸이 화분과 같이 위에서 아래로 늘여서 자라게 되면 잎의 크기가 점점 작아지는 특징이 있다. 재배와 관리가 쉽고 병충해도 적어 초보자들이 키우기에 좋다. 줄기를 잘라 흙이나 물에 꽂아 새 뿌리가 나게 하는 삽목(꺾꽂이)번식이 잘된다.

스킨답서스는 빛이 매우 부족한 실내 공간에서도 잘 자란다. 심지어 실내 공간 중 가장 그늘진 곳 또는 조명을 해야 하는 지하 공간에서도 잘 자랄 수 있다. 줄기는 덩굴성으로 집 안의 벽면을 따라 길게 늘여 자랄 수 있으며 잎이 초록색 단색 혹은 노란무늬, 흰무늬를 띠는 품종이 있다. 빛이 많이 부족한 실내에서도 매우 잘 자라나, 잎에 무늬가 있는 품종의 경우 무늬가 없어져 잎이 녹색으로 변하기도 한다.

덩굴성 줄기를 이용하여 대형 화분의 하단에 심어 화분에 늘여지게 하거나 발코니 아래로 늘어뜨려 벽면을 덮으며 뻗어 내리는 형태를 이루게 하기도 한다. 해충에 대한 저항력이 높고 번식이 잘되어 그린인테리어를 처음 하는 사람도 쉽게 기를 수 있다.

실내 관엽식물은 겨울철 실내 온도가 10도 이하로 내려가지 않게 관리하는 것이 필요하다. 스킨답서스는 일반적인 관엽식물과 같이 삽목번식이 매우 잘되며 자른 줄기를 물에 담가두어도 뿌리가 잘 내린다.

고사리류

박쥐란

큰지네 고사리

학명 *Dryopteris fuscipes* 과명 고사리과

영명 Maidenhair Fern, Bird's-nest Fern 등 다수

원산지 전 세계

고사리과에는 네프롤레피스, 아디안텀, 파초일엽, 박쥐란, 보스턴 고사리 등 다양한 종류가 있다. 꽃이 피지 않아 종자가 아닌 포자로 번식하는 고사리류는 전 세계적으로 분포한다. 봄에 고사리를 채취하는 사람들은 숲속 어둡고 축축한 곳으로 들어간다. 그만큼 고사리류는 어둡고 습한 곳에서도 매우 잘 자란다.

고사리류는 잎이 풍성하여 싱그러운 느낌을 주며 실내 공기정화 능력이 매우 우수하다. 그리고 빛이 부족한 환경에서 잘 자라며, 습도가 높고 온도가 15도 전후 정도일 때 잘 자란다. 이러한 고사리류는 실내에서 기를 때 건조해지면 잎이 회색으로 변하기도 한다.

고사리류는 잎이 풍성하여 빅토리아 시대부터 실내식물로 사랑받아왔으며 여전히 오늘날에도 인기가 높다. 줄기가 질기고 단단한 잎은 어릴 때에는 아치형으로 자라다가 노화되면서 활처럼 휘어진다. 특히 잎이 풍성한 보스턴 고사리는 걸이용 화분에 심어 실내 공간 장식으로 활용된다. 다리가 있는 받침대 위에 올려놓아 배치하기도 한다. 보스턴 고사리는 매우 습한 환경에서 잘 자라기 때문에 화분에 물을 주는 것은 기본이며 추가로 자주 분무해주는 것이 좋다. 겨울철 실내 공간에서 고사리를 기르면 수분을 흡수한 고사리 잎이 기공을 통해 수분을 배출시키기에 겨울철 실내 건조를 막아주는 자연 가습기 역할을 한다. 잎의 풍성한 형태를 활용하여 최근에는 공중걸이 화분에 심어 수직 정원으로 이용하기도 한다.

고사리류 중 박쥐란은 칼로 곁가지에 뿌리가 붙어 있도록 잘 떼어내어 번식시킨다. 다른 고사리류보다 박쥐란은 좀 더 서늘한 실내에서 기르는 것이 좋다. 최근 박쥐란의 모양이나 잎의 빛깔이 독특하여 인기가 있으며, 착생식물로 나무에 붙여 기르거나 걸이 화분의 형태로 기른다.

필로덴드론 셀렘

학명 *Philodendron selloum* 과명 천남성과

속명 Philodendron Schott 영명 Heart-leaf Philodendron

원산지 열대 아메리카

필로덴드론이라는 명칭은 그리스어에서 유래되었다. '필로(philo)'는 '사랑한다', '좋아한다'는 뜻이고, '덴드론(dendron)'은 '나무'라는 뜻이다. 즉, '나무를 사랑하는', '나무를 좋아하는'이라는 의미를 가지고 있다. 덩굴성 식물의 특성을 반영한 명칭이다.

필로덴드론 중 셀렘은 지주대를 세우지 않고 화분에서 기를 수 있다. 원산지가 열대 아메리카인 셀렘은 따뜻하고 축축한 환경을 좋아한다. 습한 열대 밀림 환경에서 사는 다른 관엽식물처럼 셀렘도 기근이 잘 발달하나 빠르게 자라지 않는 편이다.

만약 실내 공기가 매우 건조하면 기근이 말라 공기 중의 뿌리를 흡수하는 역할을 못 할뿐더러 보기 좋지 않게 변하므로 가위로 잘라주는 것이 좋다. 또한 셀렘의 잎과 줄기에서 발생되는 향기가 좋다.

셀렘은 필로덴드론 다른 종에 비하여 낮은 온도에서 잘 견디는데 어린 식물도 0도에서 피해 없이 잘 지내며, 큰 식물이라면 영하 5도에서도 살 수 있다. 셀렘은 보통의 관엽식물보다 좀 더 밝은 실내에서 길러주는 것이 좋다. 햇빛이 약하거나 화분의 흙이 매우 습하면 잎의 크기가 작아지기도 하니 주의를 기울여야 한다. 만일 이러한 증상이 나타났다면 이때 햇빛이 잘 비치는 곳으로 이동하거나 화분에 물 빠짐이 좋은 흙을 사용해보자.

금전수

학명 *Zamioculcas zamiifolia* 과명 **천남성과**

영명 Zamioculcas 원산지 **아프리카**

금전수의 학명 중 Zamioculcas(자미오쿨카스)는 멕시코소철의 학명인 Zamia와 토란의 학명인 Colocasia를 합한 것으로, '멕시코소철을 닮은 토란'이라는 뜻이다. 그만큼 금전수의 잎 모양은 멕시코소철을 닮았다. 하지만 멕시코소철은 소철과에 속하며 금전수는 천남성과 식물이다.

우리나라에서 부르는 금전수란 이름은 잎의 모양이 동전을 줄줄이 건 것 같다고 하여 붙여졌다. 일명 '돈이 들어오는 식물'이라고 해서 개업식을 비롯해 선물로 많이 이용된다.

금전수는 햇빛이 직접 비치지 않는 밝은 실내에서 선인장처럼 건조하게 기르는 것이 좋다. 번식은 잎을 잘라 번식하는 영양번식의 방법으로 주로 이루어지나, 일반적인 관엽식물에 비하여 뿌리가 생기는 시간이 2~3개월 정도로 오래 걸린다.

금전수는 잎에 수분을 보유하고 있어서 물을 자주 주지 않고 키워야 한다. 뿌리가 촘촘하게 꽉 차 있기에 분갈이를 자주 하지 않는 것이 좋다.

이처럼 어두운 곳에서도 잘 자라며 물을 자주 주지 않아도 되는 생장력이 강한 식물이기에 금전수는 식물을 처음 기르는 사람도 키우기 적합하다.

포인세티아

학명 *Euphorbia pulcherrima* 과명 대극과
영명 Christmas Flower 원산지 멕시코 등 중앙아메리카

포인세티아는 자연의 야생종을 재배종으로 원예화시킨 사람의 이름을 붙인 것이다. 학명 중 Euphorbia는 중앙아메리카의 포인세티아를 매우 좋아하던 어느 의사의 이름인 Euphorbus(에우포르부스)에서 나왔고, Pulcherrima는 라틴어로 '아름답다'라는 뜻인 Pulcher에서 유래하였다.

포인세티아는 자연 상태에서는 12월 초에 꽃이 피기 시작하여 12월 말에 절정에 달하기에 '크리스마스 꽃'이라는 영명이 있다. 포인세티아는 햇빛의 길이가 짧아지는 조건, 즉 가을에서 겨울까지 잎이 붉은색, 분홍색, 연두색, 살구색으로 착색되며 꼭대기에 몇 개의 꽃이 달린다.

포인세티아의 관상 대상인 아름다운 색으로 변한 부분은 꽃이 아닌 잎이다. 이렇게 잎에 아름다운 여러 가지 색으로 변한 부분을 '포엽'이라고 한다. 포엽이 있는 관엽식물은 일반적인 관엽식물을 기를 때보다 더욱 빛이 잘 비치는 장소에서 기르는 것이 좋다.

포인세티아는 원산지에서는 1~2미터까지 자라나며, 화분에 심는 분화용으로는 50센티미터 이하로 재배되어 판매된다. 번식은 줄기를 잘라 꺾꽂이한다. 식물의 줄기를 자르면 흰색 액체가 나오는데 여기에 약간의 독성이 있으므로 손에 묻으면 반드시 물로 씻도록 한다.

참고 문헌

단행본

곽병화, 1997, 화훼원예각론, 향문사.

곽병화, 2004, 식물생리학, 향문사.

곽병화, 2007, 실내오염 빨아들이는 공기정화식물 키우기, 웰빙플러스.

김광진 외, 2014, 에코 힐링을 위한 실내 공기정화식물, 국립원예특작과학원.

농촌진흥청·국립원예특작과학원, 2016, 정말로 나리꽃, 국립원예특작과학원.

에드워드 윌슨(안소연 옮김), 2010, 바이오필리아, 사이언스북스.

윤순진·윤현숙·장유진, 2008, 화훼장식기능사 필기, 솔과학.

한국화훼연구 외, 2007, 화훼원예학총론, 문운당.

Mayeroff, M, 1971, On Caring, New York: Harper & Row.

논문

남조은·장유진·박천호, 2010, 자연학교의 생태적 원예활동 프로그램이 아동의 자아존중감과 사회성에 미치는 영향, 한국인간식물환경학회 28(2):314-318.

임청숙, 2008, 배려의 관계에서 공감 발달을 위한 지도방안 연구,

이화여자대학교 석사학위논문.
Matsuo, E, 1996, Social Horticulture: A New Feld of Horticulture and Its Present Status in Europe, USA and Japan, J. Kor. Soc. Hort. Sci, 37:171-185.
Relf, D. 1992. The Role of Horticulture in Human Well-being and Social Development: A National Symposium, Timber Press, Portland, California, pp.1-45.

사이트

농촌진흥청 국립원예특작과학원 www.nihhs.go.kr
농촌진흥청 농사로 www.nongsara.go.kr

우리 집으로 들어온 자연

1판 1쇄 인쇄 2024년 11월 8일
1판 1쇄 발행 2024년 11월 22일

지은이 장유진
그린이 이소영

펴낸이 임채익
펴낸곳 에덴 프로젝트(Eden Project)

편집·디자인 눈씨

출판등록 제396-2024-000186호
주소 경기도 고양시 일산동구 중산로 70
연락정보 edenproject@edenproject.kr

ISBN 979-11-989933-0-4 (13480)

본 저서는 2019년 한국연구재단의 지원을 받아 저술되었음(과제번호: S1A5B5A07107383).